Anja Klinkemeier

Unterrichtsstunde: Dem Geheimnis der Malifanten auf der Spur

GRIN Verlag

Bibliografische Information der Deutschen Nationalbibliothek:

Die Deutsche Bibliothek verzeichnet diese Publikation in der Deutschen National-
bibliografie; detaillierte bibliografische Daten sind im Internet über http://dnb.d-
nb.de/ abrufbar.

Dieses Werk sowie alle darin enthaltenen einzelnen Beiträge und Abbildungen
sind urheberrechtlich geschützt. Jede Verwertung, die nicht ausdrücklich vom
Urheberrechtsschutz zugelassen ist, bedarf der vorherigen Zustimmung des Verla-
ges. Das gilt insbesondere für Vervielfältigungen, Bearbeitungen, Übersetzungen,
Mikroverfilmungen, Auswertungen durch Datenbanken und für die Einspeicherung
und Verarbeitung in elektronische Systeme. Alle Rechte, auch die des auszugsweisen
Nachdrucks, der fotomechanischen Wiedergabe (einschließlich Mikrokopie) sowie
der Auswertung durch Datenbanken oder ähnliche Einrichtungen, vorbehalten.

Impressum:

Copyright © 2008 GRIN Verlag GmbH
Druck und Bindung: Books on Demand GmbH, Norderstedt Germany
ISBN: 978-3-640-73684-3

Dieses Buch bei GRIN:

http://www.grin.com/de/e-book/91658/unterrichtsstunde-dem-geheimnis-der-
malifanten-auf-der-spur

GRIN - Your knowledge has value

Der GRIN Verlag publiziert seit 1998 wissenschaftliche Arbeiten von Studenten, Hochschullehrern und anderen Akademikern als eBook und gedrucktes Buch. Die Verlagswebsite www.grin.com ist die ideale Plattform zur Veröffentlichung von Hausarbeiten, Abschlussarbeiten, wissenschaftlichen Aufsätzen, Dissertationen und Fachbüchern.

Besuchen Sie uns im Internet:

http://www.grin.com/

http://www.facebook.com/grincom

http://www.twitter.com/grin_com

Studienseminar für das Lehramt
für die Primarstufe in Arnsberg
Unterrichtsplanung im Fach Mathematik am
07. März 2008

Studien-
seminar

Name, Vorname:	Klinkemeier, Anja
Klasse:	2a
Fach:	Mathematik

Thema der Unterrichtsreihe

„Malifanten?!" Eine problemorientierte Unterrichtsreihe mit dem operativen Aufgabenformat „Malifanten" zur Festigung ausgewählter Einmaleinsreihen und verschiedener Rechenverfahren im Zahlenraum bis 100 (und darüber hinaus), um Zahlbeziehungen zu entdecken, diese für ein vorteilhaftes Rechnen zu nutzen und Kontrollmöglichkeiten zu schaffen.

Aufbau der Unterrichtsreihe

1. Unterrichtseinheit:

   „Malifanten – Was ist denn das?" – Anhand vollständiger Malifanten erforschen die Kinder dessen Aufgabenstruktur und verinnerlichen durch selbstständiges Berechnen/ Ausfüllen unvollständiger Figuren das operative Aufgabenformat.

2. Unterrichtseinheit:

   „Wir helfen den Malifanten" – Indem die Kinder Malifanten mit ausgelassenen Randzahlen multiplikativ und additiv (sowie mit deren Umkehrungen) lösen und mit anderen Lösungsmöglichkeiten vergleichen, wiederholen und vertiefen sie die Struktur dieses Aufgabenformates.

3. Unterrichtseinheit:

   „Wir sind Malifanten – Detektive" – Die Kinder entdecken an falsch berechneten Malifanten (teilweise eigene) Irrwege auf dem Weg zur Lösung, um durch die Richtigstellung die Struktur weiter zu festigen und einen konstruktiven Umgang mit Fehlern zu erfahren.

4. **Unterrichtseinheit:**

   „Dem Geheimnis der Malifanten auf der Spur" – Indem die Kinder die Rand- und Fußzahlen von Malifanten durch Berechnungen, Überlegungen und mit Hilfe von Tippkarten untersuchen, entdecken sie auf spielerische Art das Distributivgesetz (ohne es zu benennen) und dessen Nutzen als Kontrollmöglichkeit.

5. Unterrichtseinheit:

„Wir nutzen das Geheimnis des Malifanten!"– Erstellen von eigenen Malifanten in Einzelarbeit unter Einbeziehung der Ergebnisse der vorangegangenen Stunde, um die Lernergebnisse anzuwenden, zu festigen und die Multiplikation durch Zerlegungen vertiefend zu üben.

Thema der Unterrichtsstunde

„Dem Geheimnis der Malifanten auf der Spur" – Indem die Kinder die Rand- und Fußzahlen von Malifanten durch Berechnungen, Überlegungen und mit Hilfe von Tippkarten untersuchen, entdecken sie auf spielerische Art das Distributivgesetz (ohne es zu benennen) und dessen Nutzen als Kontrollmöglichkeit.

Ziele der Stunde

Im Rahmen der **Sachkompetenz** sollen die Schülerinnen und Schüler:

> ➢ die Struktur des Malifanten wiederholen und festigen, indem sie an der Tafel und auf dem Aufgabenblatt diese lösen.

> ➢ sich dem Geheimnis des Malifanten nähern, indem sie die Randzahlen genau betrachten, eigene Überlegungen anstellen und ggf. unter Zuhilfenahme von Tippkarten den Zusammenhang zwischen Randzahlen und Fußzahl erkennen.

> ➢ dem Geheimnis des Malifanten auf die Spur kommen, indem sie den Zusammenhang zwischen Randzahlen und Fußzahl erkennen.

> ➢ Ihre Überlegungen überprüfen, indem sie ihre Ergebnisse auf einen neuen Malifanten übertragen und dessen Fußzahl mit Hilfe der Randzahlen lösen.

Im Rahmen der **Selbst- und Methodenkompetenz** sollen die Schülerinnen und Schüler:

> ➢ ihre Überlegungen aus der Einzelarbeit in der Kleingruppenarbeit aufgreifen können, indem sie Ihre Überlegungen bezüglich des Geheimnisses auf dem Arbeitsblatt notieren.

> ➢ ihre Überlegungen möglichst explizit veranschaulichen, indem sie ihre Ergebnisse den anderen Kindern auf Folie präsentieren.

3

➤ sollen die Lösungen der präsentierenden Gruppe nachvollziehen können, indem sie deren Überlegungen bezüglich der Fußzahl mit Hilfe des Geheimnisses (Fußzahl ergibt sich aus Addition und Multiplikation der Randzahlen) überprüfen.

Im Rahmen der **Sozialkompetenz** sollen die Schülerinnen und Schüler:

➤ das Arbeiten in einer Kleingruppe weiter vertiefen, indem sie innerhalb dieser Gruppe ihre Überlegungen austauschen und auf Folie festhalten.

➤ sich innerhalb der Kleingruppe einigen, indem sie die Rollen Zeitnehmer, Schreiber und Präsentator einnehmen.

Elemente	Beziehung zwischen den Elementen
Malifanten[1]	Ein Malifant ist ein Übungsformat, welches aus dem Malkreuz[2] oder dem Tabula rasa[3] zusammengesetzt ist. Es ermöglicht die Bearbeitung von Multiplikations- und Additionsaufgaben bzw. Divisions- und Subtraktionsaufgaben in Tabellenform. Man kann die Malifanten in verschiedene Schwierigkeitstypen einteilen, die im Folgenden kurz erläutert werden:
Malifantentypen	Bei einem „leichten" Malifanten (s.u.) sind die Randzahlen bereits vorgegeben:
	Bei einem „schwierigeren" Malifanten (s.u.) sind die Randzahlen nur zum Teil oder gar nicht gegeben, so dass die Kinder die Umkehraufgaben (in diesem Fall Divisionsaufgaben) rechnen müssen:

---

[1] Vgl. Rinkens/ Hönisch

In der heutigen Stunde steht jedoch der „leichte" Malifant im Vordergrund, da dieser sich am Besten eignet, um die Beziehung zwischen Rand- und Fußzahl zu entdecken. Dieser Malifant wird unter Einhaltung der Multiplikationstabellen-Regel (Spaltenzahl $\cdot$ Zeilenzahl) ausgerechnet:

Diese Ergebnisse werden nun pro Spalte und Zeile addiert und notiert:

Daraus ergeben sich zwei Zeilenergebnisse (b $\cdot$ c + b $\cdot$ d und a $\cdot$ c + a $\cdot$ d) sowie zwei Spaltenergebnisse (b $\cdot$ c + a $\cdot$ c und b $\cdot$ d + a $\cdot$ d).

Die zwei Spaltenergebnisse und die zwei Zeilenergebnisse werden dann jeweils wieder addiert und ergeben so die Fußzahl:

Berechnung der Fußzahl

(b $\cdot$ c + b $\cdot$ d) + (a $\cdot$ c + a $\cdot$ d) = b (c + d) + a (c +d)

= (a + b) $\cdot$ (c + d)

(b $\cdot$ c + a $\cdot$ c) + (b $\cdot$ d + a $\cdot$ d) = c (b + a) + d (b + a)

= (c + d) $\cdot$ (b +a)

---

[2] Vgl. Radatz/ Schipper, S. 92 und 103f
[3] Vgl. Wittmann/ Müller, S. 135f
[4] Vgl. Duden. Rechnen und Mathematik, S. 109f

Distributivgesetz	Diese Fußzahl sowie auch die Zeilen- und Spaltenergebnisse unterliegen dem Distributivgesetz. Dieses Verteilungsgesetz ist eine mathematische Regel und gibt an, wie sich zwei zweistellige Verknüpfungen zum Beispiel Multiplikation und Addition bei der Auflösung von Klammern zueinander verhalten. Für die Zahlen a, b, c gilt dann: $(a \cdot c) + (b \cdot c) = c \, (a + b).$[4]
Ausgewähltes Beispiel	Die Kinder sollen in dieser Stunde nun die Beziehung zwischen den Randzahlen und der Fußzahl des Malifanten herausfinden. Aufgrund der Tatsache, dass die Kinder noch nicht alle Einmaleinsreihen gelernt haben und das Geheimnis deshalb mit höheren Zahlen noch nicht zu entdecken wäre, kommen in dieser Unterrichtsstunde nur Malifanten mit den Einmaleinsreihen 1 und 2 vor. Eine Schwierigkeit besteht jedoch bei Malifanten, die eine 0 in den Randzahlen enthalten. Um die Beziehung zwischen den Randzahlen und der Fußzahl zu entdecken, könnten sie mit dem Malifanten auf dem Aufgabenblatt nun folgendermaßen vorgehen:

- Vielleicht fällt ihnen nur durch das Hinschauen auf, dass sich die Zahl 6 aus den Randzahlen $(1 + 1) \cdot (2 + 1) = 2 \cdot 3$ ergibt.
- Die Kinder können jedoch auch unter der ersten Tippkarte nachschauen, daraufhin die Zahl 6 in Malaufgaben zerlegen ($1 \cdot 6$; $6 \cdot 1$; $2 \cdot 3$; $3 \cdot 2$) und den Malifanten noch mal betrachten, um so zum Ergebnis zu kommen.
- Einen weiteren Tipp erhalten die Kinder durch die Tippkarte Nummer zwei, durch die sie eine Hilfe bezüglich des Rechenzeichens zwischen den Zahlen 1 und 1 und 2 und 1 erhalten:

Didaktische Schwerpunktsetzung

| Aussagen |
| des |
| Lehrplans |

Im Mittelpunkt der heutigen Unterrichtsstunde steht die vertiefende Auseinandersetzung mit der Fußzahl des Malifanten. Die Aktivitäten zum Lösen des Malifanten gehören zum Bereich der Arithmetik. Die Malifanten ermöglichen, Vorstellungen der Operationen im Zahlenraum bis 100 (und darüber hinaus) zu erweitern, da sie die Multiplikation und die Addition einstelliger Zahlen mit ihren Umkehrungen, der Division und der Subtraktion, beinhalten. Die Schülerinnen und Schüler[5] können bei diesem Übungsformat unterschiedliche Rechenstrategien entwickeln, beschreiben und dabei Zahlbeziehungen und Rechengesetze (hier das Distributivgesetz) für vorteilhaftes Rechnen ausnutzen.[6]

Des Weiteren werden in dieser Unterrichtsstunde die im Lehrplan aufgeführten Anforderungen zum Begründen einfacher Beziehungen und Gesetzmäßigkeiten beachtet. In der Arbeitsphase in Kleingruppen üben die Kinder, ihre Entdeckungen in Worte zu fassen und in der Reflexionsphase, ihre Lösungen den anderen Kindern verständlich und auf das Problem bezogen, zu vermitteln. Auf die mathematische Fachsprache wird in angemessener Form Bedeutung gelegt, da durch Gespräche Strukturen und Wissen über Zahlen und Zahlbeziehungen weiter entwickelt werden können.

| Bezug zur |
| Gegenwart |

Das Übungsformat Malifant ist für die Kinder selbst zunächst einmal eine große Motivation. Das Thema (Fantasie-) Tiere bildet einen ständigen Begleiter für die Kinder in der Gegenwart dar (Märchen, Geschichten...). In dieser Unterrichtsstunde sollen sie nun die Malifanten durch Multiplikation und Addition vervollständigen, wodurch das Lösen dieser Grundrechenarten geschult wird. Die Kinder stehen dann vor einem Problem (das Geheimnis des Malifanten zu lösen) und nehmen sich diesem motiviert an,

---

[5] im weiteren Verlauf sind bei „Schüler" immer Kinder männlichen und weiblichen Geschlechts gemeint
[6] Vgl. Ministerium für Schule, Jugend und Kinder des Landes Nordrhein-Westfalen, S. 78

9

um dem Geheimnis auf die Spur zu kommen (intrinsische durch extrinsische Motivation). Zugleich ist die Rechenfertigkeit eine verbindliche Anforderung für den Übergang in die dritte Klasse. Somit ist der Unterrichtsgegenstand für die Gegenwart der Kinder von großer Bedeutung.

| Bezug zur |
| Zukunft |

Die Arbeit mit problemorientierten Fragestellungen ermöglicht die Entwicklung problemlösenden Denkens. Gesetze, Beziehungen und Verknüpfungen, die bei der Entstehung der Fußzahl eines Malifanten greifen, werden aufgedeckt. Diese ermöglichen den Kindern, ihre mathematischen Fähigkeiten auszubauen und zukünftige Problemstellungen zu verstehen, sich ihnen zu stellen, nicht aufzugeben und (ggf. gemeinsam) zu lösen. Des Weiteren bietet das Übungsformat vielfältige Möglichkeiten der Wiederholung und Festigung der erlernten Rechenverfahren (in dieser Stunde Multiplikation und Addition vor allem mit 0). Darüber hinaus wird der Umgang mit der mathematischen Darstellungsform der Tabelle vertiefend geübt. Aus diesen Gründen weist der Unterrichtsgegenstand einen bedeutsamen Zukunftsbezug für die Erweiterung der Problemlösefähigkeit und der Kenntnisse der Rechenverfahren als Vorbereitung für die Erweiterung in diesem Zahlenraum auf.

| Prinzipien |

„Das Prinzip der Strukturorientierung unterstreicht, dass mathematische Aktivitäten häufig im Finden, Beschreiben und Begründen von Mustern bestehen." [7] Diese entsprechen in der heutigen Stunde den verschiedenen Wegen der Kinder, um an die Lösung bzw. das Geheimnis des Malifanten zu kommen. Beziehungen zwischen den Randzahlen und der Fußzahl werden aufgedeckt.

| Sozialform |

In dieser Unterrichtsstunde wird die Form einer „Lernspirale" genutzt, bei der Wert auf die Methodenvielfalt gelegt wird. Die Schüler werden unterschiedlich angesprochen und zum aktiv-produktiven Lernen veranlasst.

---

[7] Vgl. Ministerium für Schule, Jugend und Kinder des Landes Nordrhein-Westfalen, S. 74

Sie erhalten Gelegenheit, sich mit dem Themenbereich des Malifanten-Geheimnisses auseinanderzusetzen und sich auf diesem Wege wichtige inhaltliche Kenntnisse, Einsichten, Fähigkeiten und Fertigkeiten zu erarbeiten.[8] Durch die Einzelarbeit haben die Schüler zunächst die Chance, ihre individuellen Denkweisen und Überlegungen im eigenen Lerntempo anzugehen. In der Phase der Gruppenarbeit können sie ihre Ergebnisse den anderen Kindern zunächst präsentieren und sich dann Anregungen zur weiteren Bearbeitung oder Lösung des Geheimnisses bei den Mitschülern einholen. Die Kleingruppen werden durch eine Markierung auf dem Arbeitsblatt bereits von der LAA im Vorfeld strukturiert, um möglichst leistungsheterogene Gruppen zu erhalten. Das Präsentieren der Ergebnisse vor der gesamten Klasse sorgt zudem für die Visualisierung und Würdigung der herausgefundenen Lösungen in den Kleingruppen. Diese Methodenwahl bzw. Sozialformwahl dient dem eigenverantwortlichen Arbeiten im Rahmen von Einzelarbeit, Gruppenarbeit und Präsentation.

Differen-zierung

Differenzierungsmöglichkeiten werden in der heutigen Stunde durch zwei Stufen gegeben, so dass die Kinder individuell nach ihrem Leistungstand die Aufgaben lösen können. Zum einen können die Kinder die vorhandenen Tippkarten nutzen, um das Geheimnis zu lösen (äußere Differenzierung) und zum anderen können die Kinder ihre Lösungen zum Finden des Geheimnisses unterschiedlich begründen (innere Differenzierung).

Fächerüber-greifende Aspekte

Mit Blick auf den fächerübergreifenden Unterricht bieten in dieser Stunde alle Phasen die Chance, den mündlichen Sprachgebrauch im Aufgabenschwerpunkt verstehendes Zuhören und sachbezogenes Sprechen zu fördern.[9] Die Lösung der Fußzahl mit Hilfe der Randzahlen soll mathematisch korrekt begründet und erklärt werden. Das schriftliche Festhalten der Lösung sowie deren Erklärung veranlassen die Kinder, ihre Gedanken mit eigenen

---

[8] Vgl. Klippert
[9] Vgl. Ministerium für Schule, Jugend und Kinder des Landes Nordrhein-Westfalen, S. 33

Worten zu erfassen. Dies betrifft das schriftliche Sprachhandeln im Aufgabenschwerpunkt erzählendes, sachbezogenes Schreiben.[10] Während der Orientierungsphase aber auch in der Reflexionsphase sollen die Kinder ihre Beobachtungen und Entdeckungen beschreiben und erläutern. Somit wird „der Forderung nach der Förderung von sprachlichen Kompetenzen in allen Fächern"[11] nachgekommen.

Zusammenfassend ergibt sich aus diesen Äußerungen der didaktische Schwerpunkt:

Durch die Untersuchung des Zusammenhanges zwischen Fuß- und Randzahlen in Einzel- und Gruppenarbeit sowie die anschließende Übertragung der Lösung auf ein neues Problem erkennen die Kinder, dass sich die Fußzahl aus der Multiplikation und Addition der Randzahlen ergibt und so zukünftig als weitere Kontrollmöglichkeit im weiteren Arbeiten mit Malifanten dienen kann.

---

[10] Vgl. Ministerium für Schule, Jugend und Kinder des Landes Nordrhein-Westfalen, S. 36
[11] Vgl. Steffens, S. 1

Literaturverzeichnis

- Meyers Lexikonredaktion (hrsg.) (2002): *Duden. Rechnen und Mathematik.* Augsburg: Dudenverlag.
- Klippert, H. (2001), Vortrag „Tag des Lernens"- Eigenverantwortliches Arbeiten und Lernen Innsbruck. Weinheim und Basel. Unter http://haus-des-lernens.tsn.at am 05.03. 2008
- Ministerium für Schule, Jugend und Kinder des Landes Nordrhein-Westfalen (Hrsg.)m (2003): *Deutsch, Sachunterricht, Mathematik, Musik, Kunst, Evangelische Religionslehre, Katholische Religionslehre. Grundschule. Richtlinien und Lehrpläne zur Erprobung.* Frechen: Ritterbach Verlag.
- Radatz, H., Schipper, W., Ebeling, A. und Dröge, R. (2000): *Handbuch für den Mathematikunterricht*, 3. Schuljahr. Hannover: Schroedel Verlag.
- Rinkens, Prof.Dr. H-D., Hönisch, K. (2003). *Welt der Zahl*. Mathematisches Unterrichtswerk für die Grundschule. Braunschweig: Bildungshaus Schulbuchverlage
- Steffens, R. Förderung des sprachlichen Lernens als Aufgabe des Unterrichts in allen Fächern 2004. Zugriff am 03.03. 2008 unter http://www.learn-line.de/angebote/fids/.
- Wittmann, Erich Ch. Und Müller, Gerhard N. (1993): *Handbuch produktiver Rechenübungen. Band 1 Vom Einspluseins zum Einmaleins.* Leipzig: Klett Verlag.

Anhang

Verlaufsplan der Unterrichtsstunde:

Zeit	Handlungssituationen	Didaktischer Kommentar Was? Warum?	Methodischer Kommentar/ Medien
5	**1. Handlungssituation: Einstieg**		
	1.1 Die Kinder ordnen die Stunde in die Unterrichtsreihe ein	– Reihentransparenz wird durch Einordnung der Stunde in die Unterrichtsreihe erzeugt	Die Reihentransparenz dient der Visualisierung des Arbeitsvorhabens und bildet den Lernzuwachs ab, Stundentransparenztafel, Pfeil, Reihentransparenztafel
	1.2 Stundentransparenz wird durch die Schülerinnen und Schüler vorgestellt und ist an der Tafel mit Hilfe von Piktogrammen visualisiert sowie durch Impulse der LAA angeregt	– Informationen über den heutigen Stundenverlauf mit seinen Inhalten, Arbeits- und Sozialformen (Stundentransparenz) – helfen den Schülern selbstständiger und organisierter zu arbeiten – Versprachlichung mit eigenen Worten als Orientierungsrahmen und zur Steigerung des Selbstständigkeitsniveaus	Piktogramme an der Tafel als Ritual selbstständigen Denkens und aktiven Handelns der Kinder
		Vermutetes Handlungsergebnis: Die Kinder haben die Stunde in die Unterrichtsreihe eingeordnet und sich die kommende Stunde mit ihren Arbeitsformen bewusst gemacht.	
5	**2. Handlungssituation: Motivationsphase**		
	2.1 Die Kinder kommen im Theaterkreis zusammen		Theaterkreis: Jedes Kind kann zur Tafel sehen
	2.2 Kinder sollen einen Malifanten, bestehend aus Randzahlen, lösen	– Kinder sollen den Malifanten lösen, um sich an die Struktur bzw. das Lösungsverfahren zu erinnern – Das Erklären des Lösungsverfahrens dient zudem der Verbalisierung unter Nutzung der Fachsprache	Malifant mit Randzahlen
	2.3 LAA erzählt Geschichte über das Geheimnis der Malifanten	– Durch die kindorientierte Problematik werden die Kinder motiviert ebenfalls das Geheimnis der Malifanten zu lösen	Malifant mit Randzahlen und der passenden Fußzahl, zur Visualisierung des Geheimnisses

2.4 Die LAA erklärt die Arbeitsphase und gibt diese frei	- Informationen zum genauen Vorgehen in der folgenden Arbeitsphase zum einen durch die LAA sowie durch die Wiederholung eines Kindes (kindgerechte Formulierungen) *Vermutetes Handlungsergebnis: Die Schüler haben sich die Struktur des Malifanten wieder in das Gedächtnis gerufen, sind motiviert das Geheimnis zu lüften und damit das Ziel der Stunde zu erreichen und wissen, was in der folgenden Arbeitsphase auf sie zukommt.*	
25	**3. Handlungssituation: Arbeitsphase**	
3.1 Die Kinder arbeiten an ihrem Arbeitsblatt	- Die Kinder sollen zwischen den vorgegebenen Randzahlen und der ebenfalls aufgeführten Fußzahl einen Zusammenhang finden, um das Geheimnis des Malifanten zu erkennen - Die Operationen zum Erreichen der Fußzahl aus den Randzahlen oder sonstige Überlegungen der Kinder sollen auf dem Arbeitsblatt notiert werden, um diese Informationen später wieder abrufen zu können - Zwei Tippkarten sorgen für Hilfestellungen bei der Lösung - Bereits fertige Kinder können die Ergebnisse der ersten vier Malifanten mit Hilfe eines Kontrollblattes überprüfen, um ihre Leistung zu überprüfen	Arbeitsblatt mit Malifanten Einzelarbeit, um sich intensiv mit dem Problem und dem Zusammenhang Randzahlen/Fußzahl auseinander zu setzen, Kontrollblatt
3.2 Die Kinder finden sich in Gruppen zusammen und tauschen ihre Beobachtungen/Ergebnisse aus	- Der Austausch in der Kleingruppe ermöglicht den Kindern ohne eigene Ergebnisse eine mögliche Hilfestellung zur Lösung des Problems - Die Kinder können so verschiedene Möglichkeiten zur Lösung des Problems erhalten, um eventuelle gemeinsam die Zerlegung der Fußzahl aus den Randzahlen zu erhalten - Die Kleingruppen erhalten verschiedene Rollen zur besseren Strukturierung der Arbeitsphase: Zeitnehmer, Schreiber, Präsentator	Das Finden der Kleingruppen geschieht mit Hilfe von kleinen Kennzeichnungen auf der Rückseite des Arbeitsblattes Die Gruppen werden von der LAA vorgruppiert, um eine möglichst leistungsheterogene Gruppe zu erhalten, Rollenkarten für die Kinder
3.3 Die Gruppen erhalten eine Folie mit einem weiteren Malifanten (nur Randzahlen sind gegeben). Sie sollen nun die Fußzahl mit Hilfe des Geheimnisses berechnen	- Durch das Anwenden des Geheimnisses auf einen anderen Malifanten ohne vorgegeben Fußzahl wird überprüft, in wieweit die Kinder die Rechenoperation verstanden haben - Die LAA gibt eine genaue Zeitangabe- Transparenz für die Kinder *Vermutetes Handlungsergebnis: Die Kinder haben Beziehungen zwischen den Randzahlen und der Fußzahl aufgestellt, ihre Ergebnisse in Kleingruppen mit*	Folien mit unterschiedlichen Malifanten sorgen für eine bessere Möglichkeit der Präsentation

			Folien, OHP

anderen Kindern besprochen und die Fußzahl eines weiteren Malifanten mit Hilfe des Geheimnisses aus den Randzahlen errechnet.

| 10 | **4. Handlungssituation: Präsentation** | | |

4.1 Die Kleingruppen präsentieren ihre Ergebnisse bezüglich der Fußzahl

- Die Kinder können ihre herausgefundenen Ergebnisse so allen anderen Kindern präsentieren und erhalten eine Bestätigung für ihre Arbeit (Visualisierung und Würdigung der Ergebnisse)
- Die anderen Kinder können mit Hilfe des Geheimnisses überprüfen, ob die präsentierende Gruppe richtig gerechnet hat

a) Die Gruppen haben Lösungen gefunden: Die Kinder präsentieren ihre Ergebnisse vor der Klasse und begründen, wie sich die Fußzahl aus den Randzahlen ergibt

b) Die Gruppen sind zu keinem Ergebnis gekommen: Die LAA erarbeitet zusammen mit den Kindern den Zusammenhang zwischen den Randzahlen und der Fußzahl

Vermutetes Handlungsergebnis: Die Kinder haben ihre unterschiedlichen Malifanten mit gegebenen Randzahlen und gelöster Fußzahl präsentiert und haben die Malifanten der anderen Gruppen auf ihre Richtigkeit hin überprüft.

Name:_____   Datum:_____

„Dem Geheimnis der Malifanten auf der Spur"

1. Rechne aus!

2. Wie erhalte ich die Fußzahl, ohne den Malifanten auszurechnen?

Schreibe auf: _____

_____

_____

_____

_____

Wenn du nicht weiter kommst, nutze die Tippkarten!